# 故事的开始

雪地里，一只饿了很久、虚弱脱水的小虎崽面对救护队队员，仍然坚强不屈地发出低吼，奋力前扑，战斗到被麻醉剂弄晕的最后一刻——这小家伙真让人心生敬意。即便生命垂危，它小小的身躯里仍旧爆发出凶悍的、要和人类抗衡的原始力量。虽然这种抗衡如今已经失去意义，人类大获全胜，东北虎豹的栖息地越来越小，森林广袤却空空荡荡，百兽之王经常找不到吃的，但谁敢说这只出生才几个月的小可爱，不是自然界英雄主义的象征呢？

我想，在我们眼里，老虎、豹子是野蛮的；但在它们眼里，人类一定相当野蛮，因为人对自然资源的侵占是掠夺式的、不容抵抗的。但奇怪的是，越是在这种现代性窘境中，仿佛越能感受到王者的伟大，就像开头的小虎崽一样，令我们感到震撼和鼓舞。

写作时，我读了从前猎虎的一些故事，也有一些盗猎者的做法是从东北老乡那儿听来的。你也不妨问问周围的亲戚朋友，有没有什么老虎、豹子的有趣传闻，欢迎写信告诉我们哦。

作者　2023年2月于北京

# 中国国家公园

## 东北虎豹国家公园

文潇·著　苏小芮·绘

廣東旅游出版社
GUANGDONG TRAVEL & TOURISM PRESS
悦读书·悦旅行·悦享人生

中国·广州

老虎有九个亚种。这是它们的家族肖像。现存的老虎中，东北虎是最大的，苏门答腊虎是最小的、毛发最乱的，印支虎长得秀气些，像个瘦长脸的长胡子老头儿。猫不会游泳，但老虎会。

至于华南虎，在我国已经有许多年没人在野外看到过它的踪影了，人们怀疑它已经彻底消失了。但幸运的是，东北虎还在。

深秋，一只金色的虎穿过莽原。

它穿过白桦下的灌木。

月亮下的公路没有人声。

它好奇地体验着由人类建造的、光滑的、便于人类奔跑的平坦路面。

这是一只年轻的雄虎，它正在闯荡天下，打算找一片山林建立自己的王国。此刻，它是追着一只慌不择路的野猪，一路来到这里的。

但它不知道，这一夜它成功越过了俄罗斯与中国的边境，进入了中国。在俄罗斯它叫“阿穆尔虎”（Amur tiger），可中国人叫它“东北虎”。现在它正奔向东北虎豹国家公园。

这里属于长白山支脉，海拔在1500米以下，大部分是褐色森林土，腐殖层厚，非常肥沃。穆棱有红豆杉；密江出产大麻哈鱼。过去人们以渔猎为生，建有许多林场，出产优质的木材。

珲春位于东北虎豹国家公园的核心区。珲春河注入中朝边境的图们江；绥芬河流向俄罗斯，汇入日本海。受海洋影响，这里的气候并不干燥。

## 东北虎豹国家公园

老虎栖息地按1千米×1千米标准，架设红外相机进行监测，据2023年统计数据，东北虎约有60只。在国家公园的保护下，超过50%的东北虎幼崽能存活至成年。

面积：1.41万平方千米
气候：温带大陆性季风气候
年平均气温：5摄氏度
年降水量：450~750毫米
最高海拔：1477.4米（老爷岭）
相对海拔：200~600米
水系：图们江、绥芬河、乌苏里江、牡丹江

公园范围

山　河流

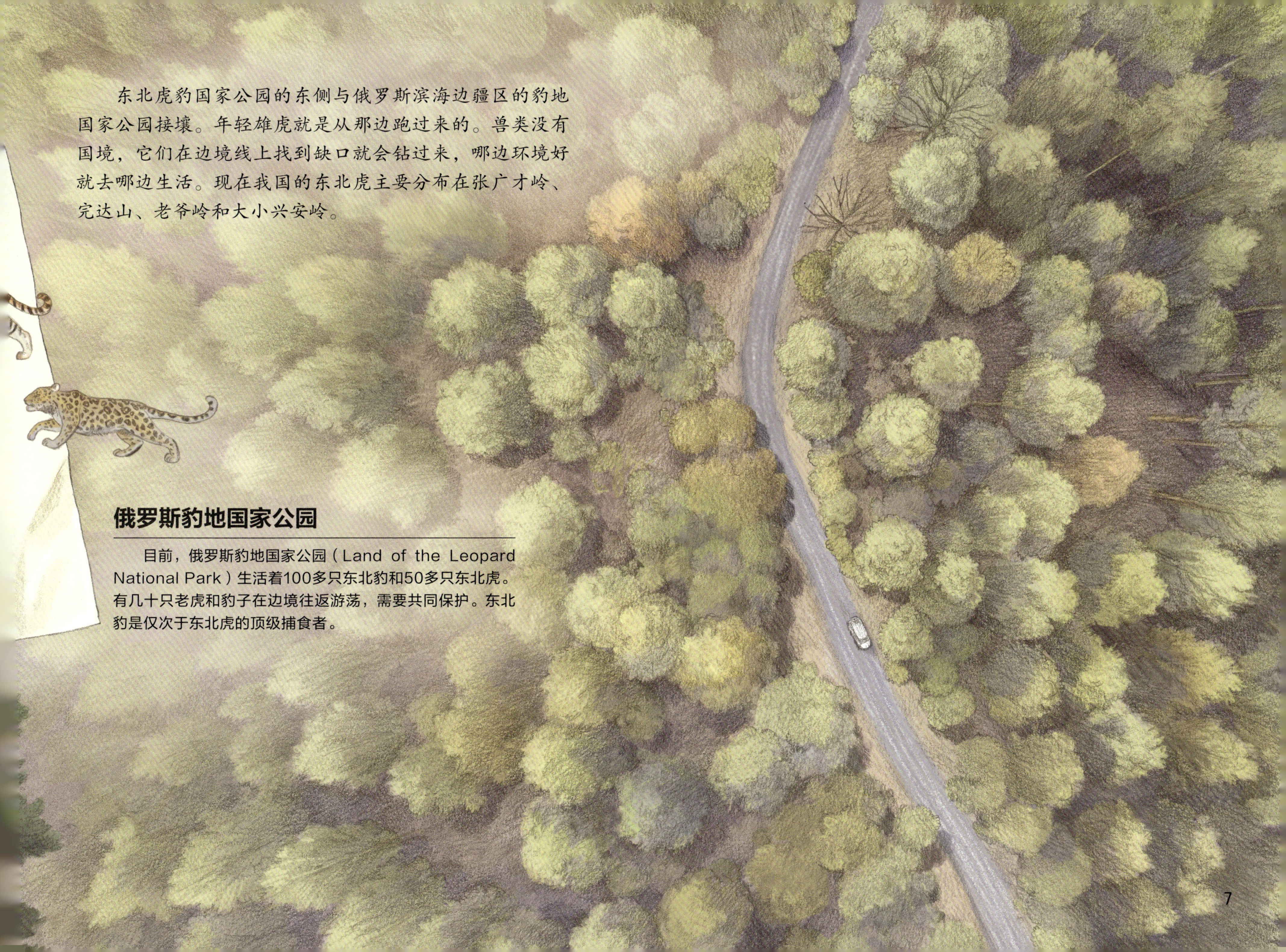

东北虎豹国家公园的东侧与俄罗斯滨海边疆区的豹地国家公园接壤。年轻雄虎就是从那边跑过来的。兽类没有国境，它们在边境线上找到缺口就会钻过来，哪边环境好就去哪边生活。现在我国的东北虎主要分布在张广才岭、完达山、老爷岭和大小兴安岭。

## 俄罗斯豹地国家公园

目前，俄罗斯豹地国家公园（Land of the Leopard National Park）生活着100多只东北豹和50多只东北虎。有几十只老虎和豹子在边境往返游荡，需要共同保护。东北豹是仅次于东北虎的顶级捕食者。

刚才这只年轻雄虎冒险跨过公路，却把野猪跟丢了，心里有点儿恼火。不过公路这边的自然环境和之前并没有太大差别，于是它考虑将这块新地盘据为己有。

夜色下，它大大咧咧地在泥泞的土路旁撒尿，然后又像猫一样伸懒腰，在一棵红松粗壮的树干上起劲地磨起了爪子，留下一道道有力的抓痕，这叫“挂爪”。这些都是它标记领地的动作。

仔细观察一下这只威风的东北帅小伙吧！

## 雄性东北虎

体重：约250千克
体长：约2.3米
食物：梅花鹿、野猪、狍子、马鹿等
分布区域：中国东北、西伯利亚南部、朝鲜半岛北部

## 雄性东北豹

它比东北虎娇小许多，善于爬树，捕猎中小型猎物，比雪豹更濒危。

体重：约45千克
体长：约1.2米
食物：狍子、野猪等
分布区域：与东北虎大致相同，较东北虎活动区域的海拔略高

像猫一样，爪子
藏在爪鞘内。
毛色夏天深，冬天浅。
闭合的菱形花纹。
体重抵得上
4个成年人。
粪便也是领地的标记。
前掌
后掌
前掌比后掌大。

老虎的姿态总是从容不迫的，甚至很温和，这是大型野兽的自信气质。老虎似乎不用害怕任何东西，但事实上也有两个敌人：寄生虫和人类。寄生虫会使老虎病恹恹的，失去精神。而人类用各种手段捕猎老虎，高价售出珍贵的虎皮、虎骨；过去欧洲人喜欢去印度猎虎，只当是刺激的娱乐。

**猎夹**

一种常见的狩猎方式。

**地枪**

钢丝横在两棵树中间，当动物行走触碰到钢丝时，就会引发地枪发射。

## 猎套

挂在合适的高度，东北虎不小心被套住脖子后，要么无法挣脱，要么挣脱后被卡住脖子无法进食而死。

## 陷阱

挖足够深的陷阱，上面铺落叶和土层伪装。

从此老虎深深知道，人类是比自己更高明的猎手，他们砍伐森林，挖掘一切资源。一只老虎要在丛林里称王，就要学会面对新的事物和挑战。

天亮了，公园管理员发现，老虎的脚印漫不经心地留在沙石路的车辙旁，而我们却不知道它此刻身在哪里。也许它就在不远处的密林中悄悄地观察着人类的动静。印度有句谚语：“当你见到一只虎，它已经暗中见过了你一百次。”

事实上所有动物都倾向于躲避人类。刺猬缩成一团躲进落叶丛，像一颗大大的毛刺果实。梅花鹿远远藏身在灌木后，鹿角看起来就像树枝。

其实，就在离人们不远的地方，这只雄虎正愉快地闻着树干上雌虎留下的味道。俗话说“一山不容二虎”，不过嘛，除非一公一母。它被雌虎的气息迷住了，于是也在同一棵树上蹭痒痒，留下自己的毛发和味道，在树干“留言板”上写下爱的回复。

不过，与此同时，它也发现了另一只雄虎在地上留下的爪痕。

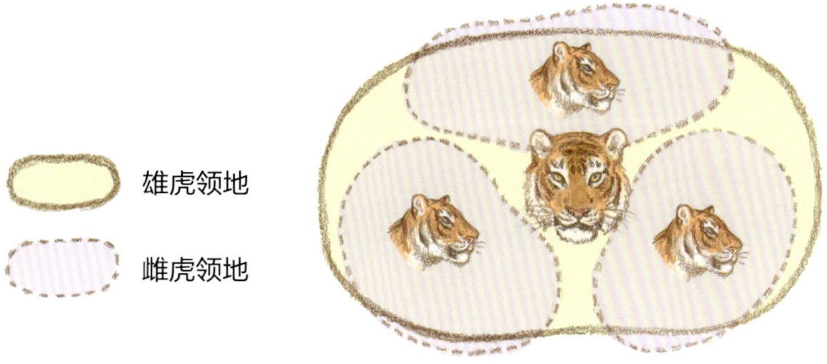


老虎领地示意图

## 雌与雄

①一只雄性东北虎的地盘有600~1500平方千米。它的领地里可以同时栖息着雌虎，但不能有其他雄虎。带崽的雌虎领地有400平方千米左右。目前，由于栖息地破碎化，雄性东北虎的栖息地也有重叠的现象。

②区分雌虎和雄虎可以看脚印，长于10.5厘米的一般是雄虎。同时出现多只老虎脚印的，通常是雌虎在带崽。

很快，年轻雄虎便遇到了这里的虎王，它是一只上了年纪的雄虎，刚趴在水旁吃了一顿野猪肉，黑色猪毛落在枯枝败叶中。

虎王对来犯者感到非常愤怒。可年轻雄虎却对自己信心十足。它轻松跃进河水，主动挑衅，两只老虎直起身子互相拍打。

年轻雄虎用力掀翻虎王，让它狼狈地露出了白肚皮。虎王急忙摆脱攻击，落荒而逃。它老了，捉不动马鹿，也保不住领地。这次战败宣告：山林有了新主人。

到了茫茫冬季，老虎们谈情说爱的时候到了。夜晚寒风簌簌，山林里传来可怕的虎啸，这是它们在召唤配偶。

年轻雄虎也找到了爱人。它们在雪地上嬉戏，抖动着落雪的淡黄色皮毛。

火红的狐狸在狩猎；麻雀们肥得像散落的小圆球；星鸦秋天把松子贮藏了起来，现在却找不到了，只好到处乱翻。它记性可真差！

苍莽的山林之外是宽阔的河面，连接着远处冰冷的日本海。一些海鸟也沿着入海口一路飞来，进入东北虎豹国家公园。

虎头海雕和白尾海雕号称空中的猛虎，它们实力不相上下，为争夺食物展开了一场自然界的小规模空战。几只小嘴乌鸦谨慎地观战，它们像机灵的小贼，盯紧胜利者，伺机捞走战斗中落下的一点点好处。

### 白尾海雕

它喜欢吃鱼和水禽，也吃人类养殖场里的家禽、牲畜。

## 虎头海雕

海雕中最大的家伙，据说一辈子只用一个巢穴，从不搬家。

冬天也是盗猎的季节，东北虎豹国家公园的管理员们忙着把巡山时发现的猎套、猎夹摘下来。狡猾的盗猎者有时候会在山里把猎物就地扒皮处理，分成几份，晒成肉干，过些时日再偷偷装进袋子里带下山。

雪地上，东北豹的足迹有时候不太连续，因为它可能会攀到树上。

## 雪地足迹法

落雪后是上山观察老虎脚印的好时机。即便有了红外相机，传统调查方法也不可或缺。抓紧记录24小时内的新鲜足迹吧！

冬去春来，小虎出生了，虎妈妈非常爱它。因为虎妈妈曾经怀过三只小虎，最后只活下来了这一只。这只小虎也是最壮实的，叫起来声音嘶哑："哇嗷——哇嗷——"

第二年，小虎1岁了，该试着去打猎了。它跟着妈妈踏进松林，像一位年幼的王子在巡视自己的王国。

**四花薹草**

常生长在红松林和柞树林下。

**貉**

长得很像浣熊或狐狸。"一丘之貉"的成语就来自它。

**红松幼苗**

这一片挤出了四五棵红松幼苗。啊，原来星鸦冬天把松子埋藏在这里了呀。

原始红松林是东北虎最爱的栖息地，现在却已不多见了。森林里还长着美人般的长白松、坚硬的水曲柳、清秀的白桦和嫩绿的山杨。林下能找到木耳、蘑菇和人参。

水底的鱼卵经过一冬的孵化，孵出了细鳞鲑，活力十足地在溪流中甩着尾巴。

在这片土地上，嫩草、野菜和坚果养活了花鼠、兔子、野猪、梅花鹿、狍子、马鹿、原麝和熊，进而又供养了金雕、猞猁、紫貂、东北豹，以及食物链顶端的东北虎。

## 紫貂

皮毛明明是金棕色，在阳光下却闪现出华贵的紫色，轻盈保暖。

## 花尾榛鸡

它吃榛子，紫貂吃它。

## 我们能为动物们做什么？

为了保护东北虎豹及其栖息地，我们有三件事可以马上去做！

### 保护原生林

不要伤害树皮、折树枝，不要盗挖土壤，注意防火，维持原生林环境。

### 补饲和救护

在动物常常经过的地方放上饲料和一些盐，供饥饿的食草动物们冬天时来吃。而它们又是东北虎豹的猎物。

### 清垃圾、清猎套

发现一个废纸箱，小虎会好奇地咬来咬去，万一不小心会吃坏肚子的！快清除！

## 遇到老虎怎么办？

① 不要让老虎误以为你是猎物！

转身就跑→你是猎物。

背对老虎→很好扑的猎物。

低头蹲下→超级好扑的小猎物！

② 冷静机智地逃生！

面对老虎慢慢后退（√）

爬树（√）

最猛的一招：放信号弹！（√）

小虎长到了2岁，虎妈认为，孩子应该学会独自捕猎了。今天的狩猎课作业是捉一只傻狍子，应该不难吧？

小虎走一走、顿一顿，绷紧身体潜行……

咔嚓！这只狍子被咬断腿后，已经彻底丧失了求生意志，毕竟，一只三条腿的食草动物在丛林世界里还能活几天呢？

## 小虎的狩猎课作业

小虎抓狍子总共分几步？认真观察！

❶ 潜行。

❷ 冲刺。

❸ 扑倒。

❹ 锁喉。

❺ 从最肥的屁股开始享用美味。

### 雄虎会照看孩子吗？

雄虎和雌虎的约会非常短暂，很快就分开各自生活。但雄虎并非完全不关照它的后代。在雌虎带崽的特殊时期，雄虎有时候会把自己领地的猎物留给它们。

对虎妈来说，狍子个头小，吃不饱，马鹿才是大餐。小虎学着和妈妈一起前后夹击，围猎高大的马鹿。

小虎经过三四年的成长，渐渐变得像爸爸一样雄壮……

一位新王诞生了。

故事讲完了。愿孩子们也像小虎一样，敢于冒险，战无不胜，拥有幸福。

**文潇**
童书创作者。
著有诗歌、童话、科普作品多部。
作品曾入选 2020 年度“中国儿童文学精选”，荣获 2023 年度“冰心儿童图书奖”。

**苏小芮**
插画师、设计师，中央美术学院建筑学硕士。
参与绘制《中国国家博物馆儿童历史百科绘本》系列（荣获十多项国内大奖），创作《敦煌：中国历史地理绘本》（荣获 2020 年桂冠童书大奖）。

图书在版编目（CIP）数据

中国国家公园. 东北虎豹国家公园 / 文潇著 ; 苏小芮绘. — 广州 : 广东旅游出版社, 2024.4
ISBN 978-7-5570-3108-4

Ⅰ. ①中… Ⅱ. ①文… ②苏… Ⅲ. ①东北虎 – 国家公园 – 东北地区 – 儿童读物 ②豹 – 国家公园–东北地区–儿童读物 Ⅳ. ①S759.992–49

中国国家版本馆CIP数据核字(2023)第146968号

**中国国家公园. 东北虎豹国家公园**
**ZHONGGUO GUOJIA GONGYUAN. DONGBEIHUBAO GUOJIA GONGYUAN**

出版人：刘志松　责任编辑：梅哲坤　责任技编：冼志良　责任校对：李瑞苑

广东旅游出版社出版发行
地址：广州市荔湾区沙面北街 71 号首、二层
邮编：510130
电话：020-87347732（总编室）
020-87348887（销售热线）
投稿邮箱：2026542779@qq.com
印刷：天津海顺印业包装有限公司
（地址：天津市东丽区东丽开发区五纬路 62 号）

开本：889 毫米 ×1194 毫米 1/16
字数：50 千
印张：2.625
版次：2024 年 4 月第 1 版
印次：2024 年 4 月第 1 次印刷
定价：49.80 元

第一辑　三江源国家公园
第一辑　普达措国家公园
第一辑　大熊猫国家公园
未完待续……
第二辑　海南热带雨林国家公园
第二辑　武夷山国家公园
第二辑　东北虎豹国家公园

中国地形三阶梯示意图